FORSCHUNGSBERICHTE DES LANDES NORDRHEIN-WESTFALEN

Nr. 2877/Fachgruppe Hüttenwesen/Werkstoffkunde

Herausgegeben vom Minister für Wissenschaft und Forschung

Prof. Dr. Theodor Heumann
Dipl.-Phys. Volker Arnhold
Institut für Metallforschung
der Westfälischen Wilhelms-Universität Münster

Porenbildung während des Homogenisierungsglühens
von Metallpulvergemischen

Springer Fachmedien Wiesbaden GmbH 1979

CIP-Kurztitelaufnahme der Deutschen Bibliothek

Heumann, Theodor:
Porenbildung während des Homogenisierungs-
glühens von Metallpulvergemischen / Theodor
Heumann ; Volker Arnhold. - Opladen : West-
deutscher Verlag, 1979.
  (Forschungsberichte des Landes Nordrhein-
  Westfalen ; Nr. 2877 : Fachgruppe Hütten-
  wesen, Werkstoffkunde)
ISBN 978-3-531-02877-4

NE: Arnhold, Volker:

© 1979 by Springer Fachmedien Wiesbaden

Ursprünglich erschienen bei Westdeutscher Verlag GmbH, Opladen 1979

Gesamtherstellung: Westdeutscher Verlag

ISBN 978-3-531-02877-4   ISBN 978-3-663-19657-0 (eBook)
DOI 10.1007/978-3-663-19657-0

Inhalt

1.	Einleitung	1
2.	Legierungssystem	2
3.	Meßapparaturen	2
4.	Probenherstellung	3
5.	Ergebnisse	3
5.1	Schematischer Verlauf der Dilatometerkurven	3
5.2	Die Lochbildung als thermisch aktivierter Prozeß	4
5.3	Die Abhängigkeit des Probenwachstums von der Foliendicke	5
5.4	Die Wulst- und Einschnürungsbildung	6
6.	Bildanalytische Untersuchungen; Abschätzung des Leerstellendiffusionskoeffizienten	7
7.	Zusammenfassung	11

Anhang

a) Tabellen   13
b) Abbildungen   14

1. <u>Einleitung</u>

Die Folgeerscheinungen des aus Diffusionsuntersuchungen bekannten Kirkendalleffektes, schematisch dargestellt in Abb. 1, insbesondere die dabei auftretende Porenbildung, beeinflussen die Sinterung von Legierungen aus Metallpulvern. Über Untersuchungen dieser Einflüsse anhand von Pulverproben wurde bereits von verschiedenen Autoren berichtet, [1,2,3,4,5] wobei es aber unmöglich ist, auf Grund der Vorgänge in realen Pulverkörpern, die Erscheinung der Lochbildung als Folge der ungleichen Diffusionsflüsse (Kirkendalleffekt) quantitativ zu beschreiben. Auch Draht- oder Spulenmodelle weisen noch erhebliche störende Einflüsse auf [6,7,8]. Eine optimale Modellanordnung zur Untersuchung der Lochbildung ist das "Sandwich-Modell" (Abb. 2): alternierend nach dem Schema ... -A-B-A-B- ... aufeinandergeschweißte Folien der beiden Legierungspartner (hier: Kupfer und Nickel). Es stellt einen geordneten Pressling dar, der im Anfangsstadium die Porosität Null hat und nur Kontakte zwischen den unterschiedlichen Metallen aufweist. Diese Anordnung wurde schon früher zur Untersuchung der Lochbildung gewählt. [9]

2. Legierungssystem

Gut geeignet für die Untersuchung des Kirkendalleffektes ist das System Kupfer-Nickel: Das Phasendiagramm zeigt einen unkomplizierten Verlauf, die Diffusionskoeffizienten sind alle bekannt [10]. Zum Teil wurden sie im eigenen Hause bestimmt [11][12]. Die experimentelle Handhabung ist problemlos und die Lochbildung ist sehr stark. [4] [9] [11]

3. Messapparaturen

Die Untersuchung der Effekte bei der Lochbildung erfolgte nach 3 Methoden. Alle Proben wurden in einem eigens hergestellten Dilatometer geglüht; außerdem wurde bei einem Teil der Proben anhand von Querschliffen die Porosität mit Hilfe eines automatischen Texturanalysesystems von Leitz (s.Abb. 3) untersucht. Zusätzlich wurden Konzentrations-Weg-Kurven mit einer Elektronenstrahlmikrosonde der Firma ARL erstellt.

In Abb. 4 ist die Gesamtansicht der Dilatometerapparatur wiedergegeben. Sie besteht aus einem Quarzrohr zur Probenaufnahme mit einem daran befestigten gekühlten Messingzylinder. In Abb. 5 ist dieser Teil schematisch wiedergegeben, Abb. 6 zeigt ein Foto dieses Teilstücks. In diesem Teil befindet sich während der Glühung ein schwacher Argonüberdruck, der nach mehrmaligem Evakuieren mit Hilfe einer Leybold-Rotationspumpe erzeugt wurde. Der Glühofen wird von einem kontinuierlichen Proportional-Integral Regler der Firma Hartmann und Braun auf $\pm 1°$ geregelt. Die Temperaturmessung erfolgte mit einem Philips-Ni-NiCr Mantelthermoelement am Ort der Probe über einen Kompensationsmeßplatz von Knick und einen x/t-Schreiber von Rikadenky. Die Messung der Verlagerung des Ferritkernes im Wegaufnehmer und damit der Änderung der Probenlänge erfolgte mit einem Trägerfrequenzverstärker der Firma Hottinger und wird von einem x/t-Schreiber registriert.

Die maximale Empfindlichkeit der Apparatur beträgt 1mm Schreiberausschlag pro 0.092 µm Verlagerung des Ferritkernes.

4. Probenherstellung

Die Sandwichproben wurden aus Kupfer- und Nickelfolien verschweißt, die vorher mit einem Durchmesser von 14 mm ausgestanzt wurden und alle gleich thermisch vorbehandelt waren. Bis ca. 100 μm-Foliendicke ließen sich Folien im Hause herstellen, dünnere Folien wurden von Metals Research und Goodfellows bezogen. Das Verschweißen erfolgte an einer Spezialapparatur (s.Abb. 7) an einem Hochfrequenzgenerator. Der Druck betrug ca. 19 MN/m^2, die Temperatur 1123K. Der Druck muß so stark sein, damit Kirkendallporen beim Schweißen nicht auftreten können. Die Schweißdauer lag zwischen 0,5 h und 2 h je nach Foliendicke. Die Güte der Verschweißung wurde jeweils an einem Querschliff mikroskopisch und mit Hilfe der Mikrosonde überprüft. Die Abbildungen 8 und 9 geben Fotos von Querschliffen aufgenommen an 50 μm-Folienproben nach dem Verschweißen. Es handelt sich in beiden Fällen um denselben Querschliff, aber mit unterschiedlichen Ätzungen für Kupfer und Nickel. Eine Kirkendallporosität tritt noch nicht auf. Die Randbedingung des 2-fach unendlichen Halbraumes, d.h. in den Folienmitten beträgt die Konzentration noch 100 %, ist erfüllt, wie Untersuchungen mit der Mikrosonde zeigten.

5. Ergebnisse

5.1 Schematischer Verlauf der Dilatometerkurven

Der typische Verlauf der Dilatometerkurve (Probenverlängerung / $\sqrt{t}$, t = Glühzeit) ist in Abb. 10 dargestellt. Einer Anlaufphase (Abschnitt 1) folgt der Bereich linearen Probenwachstums, bedingt durch Porenbildung und Wachstum, mit $\sqrt{t}$. An diesen zweiten Abschnitt schließt sich der dritte Bereich an, bei dem die Kurve von der $\sqrt{t}$-Geraden abweicht und nach einer Phase des Wachstumsstillstandes (Abschnitt 4) in eine Probenschrumpfung (Abschnitt 5) übergeht. Die Zeiträume der einzelnen Abschnitte sind bei gleicher Glühtemperatur und gleichem Material abhängig von der Foliendicke.

5.2 Die Lochbildung als thermisch aktivierter Prozeß

Es war zu zeigen, daß Lochbildung und Wachstum grundsätzlich als thermisch aktivierter Prozeß mit der Diffusion verknüpft sind. Dazu wurden Proben aus selbstgewalzten Folien hergestellt. Die Foliendicke (100 - 260 μm) war so gewählt, daß die Randbedingung des zweifach-unendlichen Halbraumes lange Zeit erhalten blieb.

Abb. 11 gibt den Verlauf der Probenverlängerung in Abhängigkeit von $\sqrt{t}$ für eine Probe wieder, die aus 230 μm dicken Cu-Folien und 260 μm dicken Ni-Folien bestand. Über den Glühzeitraum tritt nur die $\sqrt{t}$-Gerade auf, und bei Erhöhung der Temperatur von 1173 K um 50° nach 49 h Glühzeit ($\sqrt{t} = 54,2$ min$^{1/2}$) wird deren Anstieg steiler. In Abb. 12 ist die an dieser Probe aufgenommene c/x-Kurve (t = 49 h, T = 1173 K) wiedergegeben; diese bestätigt, daß die Bedingung des zweifach-unendlichen Halbraumes - Voraussetzung für das Wachstum proportional zu $\sqrt{t}$ - noch erfüllt ist.

Bei Auftragung des Logarithmus der Steigungen der $\sqrt{t}$-Geraden gegen 1/T gilt [4] [13]:

$$\ln \left(\frac{d \, \Delta l}{d \, \sqrt{t}} \right) = \text{const} - \frac{Q}{2\,RT} \qquad (1)$$

Man erhält eine Aktivierungsenergie Q, die etwa der der Diffusion entsprechen muß. Bei der Ableitung von (1) wird angenommen, daß der Prozeß mit einem konstanten mittleren-Diffusionskoeffizienten, DK, verknüpft ist ($D = D_o \exp(-Q/RT)$). Dies kann natürlich nur eine Abschätzung für Q liefern, da der DK konzentrationsabhängig und außerdem für den Kirkendalleffekt die partiellen DK's zu betrachten sind. In Abb. 13 ist diese Auftragung für 3 Proben dargestellt, die bei 1173 K, 1223 K und 1273 K geglüht worden sind. Die Aktivierungsenergie, bestimmt aus diesen drei Werten, liegt etwa bei 255 KJ/mol. Die Literaturangaben für die Aktivierungsenergien in diesem Temperaturbereich liegen zwischen 201 und 272 KJ/mol [10], abhängig von der Konzentration.

5.3 Die Abhängigkeit des Probenwachstums von der Foliendicke

Bei 1223 K wurden bis zum Wachstumsstillstand Proben geglüht, die aus 25 μm Folien, 50 μm Folien, Doppelfolien aus zwei 25 μm Folien und Doppelfolien aus einer 25 μm und einer 50 μm Folie verschweißt waren. Die Doppelfolien können als Modell für geordnete Presslinge aufgefaßt werden, bei denen an den zusätzlichen Schweißebenen AA- bzw. BB Kontakte, Kontakte gleicher Metalle, auftreten.

Die Probe aus 25 μm-Folien (Abb. 14, Kurve 2) braucht eine kürzere Glühzeit bis zum Wachstumsstillstand als die Probe mit den dickeren Folien und der Bereich linearen Wachstums mit $\sqrt{t}$ ist kürzer. Der Anstieg der $\sqrt{t}$-Geraden ist bei der Probe aus 50 μm-Folien stärker (Abb. 14, Kurve 1), obwohl, während des Zeitraums der Gültigkeit der $\sqrt{t}$-Geraden noch unendliche Halbräume vorliegen. Zusätzlich ist der Anstieg der $\sqrt{t}$-Geraden bei beiden Proben aus Doppelfolien kleiner als bei der Probe aus 50 μm- Einzelfolien (Abb.15). Ebenso ist hier der Anstieg der $\sqrt{t}$-Geraden der Probe aus (25+25)μm-Folien (Abb. 15, Kurve 1) geringer als der der Proben aus (25+50)μm-Folien (Abb. 15, Kurve 2), während jedoch der Zeitraum bis zum Wachstumsstillstand entsprechend den unterschiedlichen Foliendicken mit zunehmender Gesamtfoliendicke größer wird. In Tabelle 1 sind die Ergebnisse für diese 4 Proben zusammengefaßt.

Den Unterschied der Porosität bei verschiedenen Foliendicken verdeutlichen die Abbildungen 16 (25 μm-Folien) und 17 (50 μm-Folien). Eine c/x-Kurve für eine Probe aus 50 μm-Folien (T = 1223 K, t = 9 h) zeigt Abb. 18. Die Randbedingung des unendlichen Halbraumes ist nicht mehr erfüllt. Die Unsymmetrie der Kurve ist die Folge der Konzentrationsabhängigkeit der Diffusionskoeffizienten. Da mit zunehmender Porosität die Aufnahme von c/x-Kurven nicht mehr möglich war, mußte der Verlauf rechnerisch aus dem bekannten Diffusionskoeffizienten bestimmt werden [14]. Damit läßt sich die Homogenisierungszeit bei Annahme eines konstanten mittleren DK für endliche Halbräume berechnen. Der mittlere gemeinsame DK beträgt für 1223 K etwa $2,5 \cdot 10^{-11}$ cm^2/s [10]. Daraus ergibt

sich eine Homogenisierungszeit von 45 h für die 25 μm Folien
und von 180 h für die 50 μm Folien. Daraus folgt, da der
Wachstumsstillstand erheblich früher erreicht wird (25 μm
Folien: 19 h, 50 μm Folien: 46 h) als die Homogenität, daß die
Schrumpfung der Poren bereits früher einsetzt und als
Konkurrenzreaktion zur noch als Folge des Diffusionsausgleichs
auftretenden Porenbildung und Porenwachstum auftritt. Schließlich
überwiegt die Porenschrumpfung das Wachstum und die Neubildung und
eine meßbare Verkürzung der Probe tritt ein (Abb. 10, Abschnitt
5).
Bei Langzeitmessungen (bis zu 25 Tagen) zeigte es sich, daß die
Probenschrumpfung langsam nachläßt und die Probenlänge sich
einem Endwert annähert (s.Abb.19). Die Schrumpfungsrate bei
schwächerer Porosität (25 μm-Folien, Abb. 11, Kurve 2) ist
sehr viel geringer als die bei starker Porosität (50 μm-
Folien, Abb. 19, Kurven 1 und 3). Der Endzustand der Poren
besteht aus Porenketten von wenigen größeren Poren (gebildet
durch die "Auflösung" der vielen kleinen Poren), die sehr
stabil sind. Die Abbildungen 20 (50 μm-Folien) und 21
(25 μm-Folien) geben einen Eindruck von der bleibenden
stabilen Restporosität.

5.4 Die Wulst- und Einschnürungsbildung
Die in Abb. 1 schematisch gezeigte Wulst- und Einschnürungsbildung tritt an den Sandwichproben unterschiedlich stark auf.
Während bei 50 μm-Folien der Effekt extrem groß war (Zunahme des
Probendurchmessers um bis zu 10%), betrug der maximale Durch-
messerzuwachs bei 25 μm-Folien nur 2.1 %. Abb. 22 zeigt die
Gesamtansicht einer 50 μm-Folienprobe mit den sehr starken
Wulstbereichen (t=238 h, T=1223K). In Abb. 23 sind die Wulstbereiche vergrößert gezeigt. Die Wulstbildung ist teilweise
so stark, daß die Folien auseinanderreißen und der Kontakt zer-
stört ist. Hier ist somit auch keine Volumendiffusion mehr
möglich. Abb. 24 zeigt die dazu im Vergleich geringe Wulstbildung
bei 25 μm Folien. Die Zunahme des Probendurchmessers erfolgt

auch noch, wenn die Probenlänge bereits wieder kleiner wird.
Da die Probe ja noch nicht zum Zeitpunkt des Wachstumsstillstandes homogen ist, ist eine solche weitere Wulstbildung
auch verständlich.

6) Bildanalytische Untersuchungen; Abschätzung des Leerstellendiffusionskoeffizienten

Die Unterschiede der Anstiege der $\sqrt{t}$-Geraden bei Proben aus
Einzel- bzw. Doppelfolien gleichen Materials und Gesamtfoliendicke bei derselben Glühtemperatur sind nur so zu verstehen,
daß bei den Doppelfolien ein Teil der Leerstellen die zusätzliche Schweißebene (AA bzw. BB-Kontakt) erreicht und diese als
Senke wirkt. Diese Leerstellen gehen für die Lochbildung und
Wachstum verloren.

Mit Hilfe von Messungen an Probenquerschliffen mit einem
automatischen Bildanalysator (Leitz TAS) war es möglich, den
Anteil der Porositäten zu bestimmen und daraus eine Abschätzung
für D_v (Leerstellendiffusionskoeffizient) zu geben. Mit dem TAS
lassen sich die Flächenanteile der Poren und somit der Volumenanteil, aber auch der Abstand und die Breite der Porenzonen
und eine Porengrößenverteilung messen. Die Größenverteilung
wird durch die "Ouverture", einem optischen Siebverfahren,
bestimmt, bei dem die auf dem Monitor gekennzeichneten Poren
mit Hexagonen unterschiedlicher Seitenlänge verglichen und
gezählt werden [15]. In Abb. 25 ist die Porengrößenverteilung
für eine 50 µm-Folienprobe beim Wachstumsstillstand gezeigt
(t=46,6 h, T = 1223K). Die Summenverteilung (linke Ordinate)
gibt den Anteil in Prozent der Gesamtporenfläche, die größer
sind als ein Hexagon der Seitenlänge b. Die daraus resultierende Differenzverteilung (rechte Ordinate) zeigt, daß für
diesen Fall über 17 % der Poren in die Größenklasse fallen,
die einem Hexagon der Seitenlänge von 7 µm entspricht. Ob die
gemessene Porengrößenverteilung korrekt ist, mag etwas
problematisch scheinen, da durch die mechanische Behandlung
des Querschliffs die Porosität verändert werden kann. Der
Gesamtporenanteil an der Schlifffläche beträgt in diesem Beispiel 33 %. Die Messungen wurden statistisch an 100 Messfeldern durchgeführt bei einer 200 fachen Vergrößerung.

In Abb. 26 ist das Ergebnis der Kovarianzanalyse [16] des TAS wiedergegeben. i_D bedeutet den Abstand der Lochzonen in Verschiebungsschritten und i_e die Breite der Lochzonen in Verschiebungsschritten. Für das Beispiel der 50 µm-Folienprobe, wie vorher, ergibt sich der Abstand D der Lochzonen von 115,5 µm und eine Breite e von 60,5 µm. Das heißt, die Lochzone ist breiter als die ursprüngliche Cu-Folie. In der Lochzone beträgt somit, da außerhalb keine Poren auftreten, der Anteil der Poren ca. 65 %.

Nach t = 13500 s ($\sqrt{t}$ = 15 min$^{1/2}$), einem Zeitraum, der noch innerhalb der Bereiche der $\sqrt{t}$-Geraden der Proben aus 50 µm und (25 + 25) µm-Folien liegt, ergaben sich die folgenden Werte:

	50µm-Einzelfolie	(25+25)µm-Doppelfolie
e, Breite der Lochzone	12,5 µm	4,8 µm
Anteil der Poren in der Lochzone	25,8 %	9,8 %

In Abb. 27 ist dieser Zustand schematisch dargestellt. Für den **Leerstellendiffusionskoeffizienten** D_v läßt sich aus der 1. Fickschen Gleichung folgende Abschätzung durchführen:

$$N_v' = - \int_0^t D_v \frac{\partial N_v}{\partial x} dt \qquad (2)$$

mit D_v = Leerstellendiffusionskoeffizient
t = Glühzeit
x = Ortskoordinate
N_v' = Zahl, der während der Zeit t von der Schweißebene aufgenommenen Leerstellen pro Flächeneinheit
N_v = Leerstellenkonzentration.

Bei Annahme von D_v = const. gilt:

$$N_v' = - D_v \int_0^t \frac{\partial N_v}{\partial x} dt \qquad (3)$$

Da an der Schweißebene innerhalb der Doppelfolien die Leerstellenkonzentration als Gleichgewichtskonzentration angenommen werden kann und in der Diffusionszone ein Überschuß vorliegt, gilt für das Leerstellengefälle in erster Näherung:

$$\frac{\partial N_v}{\partial x} = \frac{(N_v^o + p_v N_v^o) - N_v^o}{x_d} = \frac{p_v N_v^o}{x_d} \qquad (4)$$

mit N_v^o = Anzahl der Leerstellen im Gleichgewicht
p_v = Prozentsatz der Leerstellenübersättigung von der Gleichgewichtskonzentration
x_d = Diffusionsweg zur zusätzlichen Schweißebene

Daraus folgt

$$N_v' = - D_v \frac{N_v^o p_v}{x_d} t \qquad (5)$$

bzw. $$D_v = - \frac{N_v' x_d}{t N_v^o p_v} \qquad (6)$$

x_d beträgt 19 μm, wie aus Abbildung 27 ersichtlich ist und t sind 13500 Sekunden. Die Differenzen der Porositäten in Einzel- und Doppelfolien, ein Volumenanteil von 16% Poren hat sich in den Doppelfolien nicht gebildet; dies entspricht einem Volumen von $2 \cdot 10^{-4}$ cm^3. Bei Annahme, daß das Volumen einer Leerstelle dem eines Atoms Kupfer entspricht, ergibt sich für N_v' die Zahl von $1,69 \cdot 10^{19}$ Leerstellen.
Die Gleichgewichtskonzentration n_v der Leerstellen läßt sich ansetzen [17]:

$$n_v = N_1 \exp(-\Delta H_b/RT) \qquad (7)$$

mit N_1 = Loschmidtsche Zahl
R = Gaskonstante
T = Temperatur
ΔH_b = Bildungsenthalpie für Leerstellen

ΔH_b hat für Kupfer den Wert 94,6 KJ/mol [18].

Daraus ergibt sich für N_v^o, umgerechnet mit dem Molvolumen
von Kupfer, ein Wert von $7,7 \cdot 10^{18}$ cm^{-3}.
Da die Leerstellenüberschußkonzentration p_v etwa 1 % der Gleichgewichtskonzentration beträgt [19)20)21)], folgt/
$N_v^o\, p_v = 7,7 \cdot 10^{16}$ cm^{-3}.
Durch Einsetzen dieser Werte in (6) folgt: $D_v = 3,1 \cdot 10^{-5}$ cm^2/s.
Die Abschätzung von D_v über die Beziehung

$$D_{Cu}^* = N_v D_v f_o \qquad (8)$$

führt zu einem Wert von $2,3 \cdot 10^{-6}$ cm^2/s.
Hierbei gehen Bildungsentropie und Enthalpie der Leerstelle ein
und für D_{Cu}^* wird der Diffusionskoeffizient für das reine
Kupfer angenommen. f_o ist der Korrelationsfaktor für das
Cu-Gitter mit dem Wert 0,781.

7. Zusammenfassung

Zusammenfassend lassen sich aus den hier beschriebenen Ergebnissen über die Lochbildung beim Kirkendalleffekt an Sandwichproben und darüberhinaus an realen Pulverkörpern folgende Aussagen machen:

Die Lochbildung ist ein thermisch aktivierter Prozeß der unmittelbar mit den unterschiedlichen Diffusionsflüssen verknüpft ist. Nach einer Inkubationszeit für die Keimbildung verläuft das Porenwachstum proportional zur Quadratwurzel aus der Glühzeit, solange noch unendliche Halbräume vorliegen und die Schrumpfung der bisher gebildeten Poren noch nicht zu groß wird. Die Aktivierungsenergie des Lochwachstums ist etwa so groß wie die der Volumendiffusion. Die Porosität bildet sich nicht zurück, sondern große Poren bleiben erhalten. Die Foliendicke (Partikelgröße bei Pulvern) beeinflußt die Lochbildung; sie wird bei dünneren Folien schwächer, da die Leerstellen leichter Senken erreichen können. Ebenso wie die Lochbildung sind auch Wulst- und Einschnürungsbildung von der Foliendicke abhängig. Sehr starke Wulstbildung kann Kontakte zwischen Partikeln wieder zerstören (Rissbildung).

Es ist darauf hinzuweisen, daß der Kirkendalleffekt nur dann auftritt, wenn die beteiligten Phasen im festen Zustand bleiben.

Bei der häufigen Methode, so z.B. beim System Fe-Cu, daß eine teilweise Flüssigsinterung stattfindet, die auch von erheblichem Wachstum der Probe begleitet sein kann, sind andere Ursachen verantwortlich.

Dem Minister für Wissenschaft und Forschung des Landes NRW (Landesamt für Forschung) sei für die großzügige Förderung und Finanzierung herzlich gedankt.

Literatur:
1) Ja.E.Geguzin, Physik des Sinterns, VEB deutscher Verlag für Grundstoffindustrie, 265
2) J.M.Butler, T.P.Hoar, Jour.Inst. of Met., 1951-1952, 80, 207
3) J.A.Lund, W.R.Iroine, V.N.Machuo, Pows.Met., 1962, 10, 218
4) B.Fisher, P.S.Rudman, Acta Met., 1962, 10, 37
5) F.Aldinger, G.Petzow, Powd.Met.Int., 1974, 84
6) G.C.Kuczynski, P.F.Stablein, 4th symposium on the reactivity of solids, Amsterdam, 1960, 91
7) P.F.Stablein, G.C.Kuczynski, Acta Met., 1963, 11, 1327
8) F.Thümmler, W.Thomma, Met.Powd.Conf., New York, 1965, 361
9) R.S.Barnes, Proc.Phys.Soc., 1952, 65, 512
10) G.Brunel, G.Cizeron, P.Lacombe, C.R.Acad.Sci., 1969, Ser. C 269, 895
11) Th.Heumann, K.J.Grundhoff, Z.Metallkde., 1974, 63, 173
12) Th.Heumann, R.Damköhler, Z.Metallkde., 1978, 69, 364
13) Ja.E.Geguzin et al., Kristallografija, 1965, 10, 248
14) J.Crank, Mathematics of Diffusion, Oxford University, 1956, 59
15) Mitteilung für Wissenschaft und Technik, Leitz Textur Analyse System, Suppl. I, 4, Juni 1973
16) H.E.Exner, Quantitative Analyse von Gefügen in Medizin, Biologie und Materialentwicklung, Riederer Verlag, 215
17) P.G.Shewmon, Diffusion in solids, McGraw Hill Book Company, 1963, 56
18) B.T.A.McKee, W.Trifthäuser, A.T.Stewart, Phys.Rev.Lett., 1972, 28, 358
19) J.Schlipf, Z.Metallkde., 1968, 59, 708
20) R.W.Baluffi, Acta Met., 1954, 2, 194
21) F. Seitz, Acta Met., 1953, 1, 355

a) Tabellen

Tabelle 1

	Probe			
	Einzelfolien		Doppelfolien	
Foliendicke Cu (μm) Ni (μm)	50 50	25 25	25+25 25+25	25+50 25+50
Folienzahl Cu Ni	15 16	15 16	15 16	15 16
Anzahl der Lochzonen	30	30	30	30
Probenhöhe (mm)	1,55	0,775	1,55	2,325
Probendurchmesser (mm)	12,05	12,095	11,98	12,1
Messtemperatur (K)	1223±1	1223±1	1223±1	1223±1
$\sqrt{t}$-Gesetz a (μm/min$^{1/2}$) ($\Delta l = a\sqrt{t} + b$) b (μm) normiert auf 1 Lochzone	0,628 -3,066	0,336 -1,859	0,238 -1,173	0,436 -1,524
Gültigkeit d. $\sqrt{t}$-Gesetzes von ... bis (min)	139 ...374	119 ...227	118 ...453	129 ...534
Wachstum beendet nach (h)	46,6	19,0	46,9	69,9
Betrag d. max. Wachstums norm. auf 1 Lochzone (μm) in % d. Probenhöhe (%)	15,41 29,83	5,18 20,09	7,13 13,79	15,27 19,7
Korrelation Varianz d. $\sqrt{t}$-Geraden	0,9999 0,213	0,9998 0,0467	0,9991 0,0911	0,9995 0,3668

b) Abbildungen

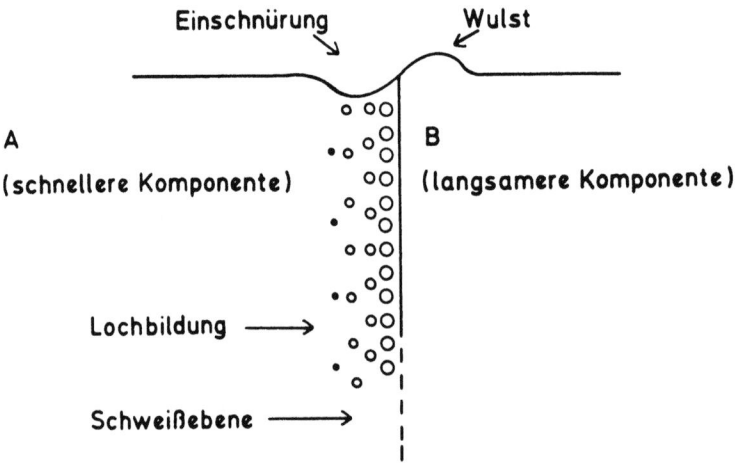

Abb. 1 Folgeerscheinungen des Kirkendalleffektes, schematisch.
Loch-, Wulst- und Einschnürungsbildung.

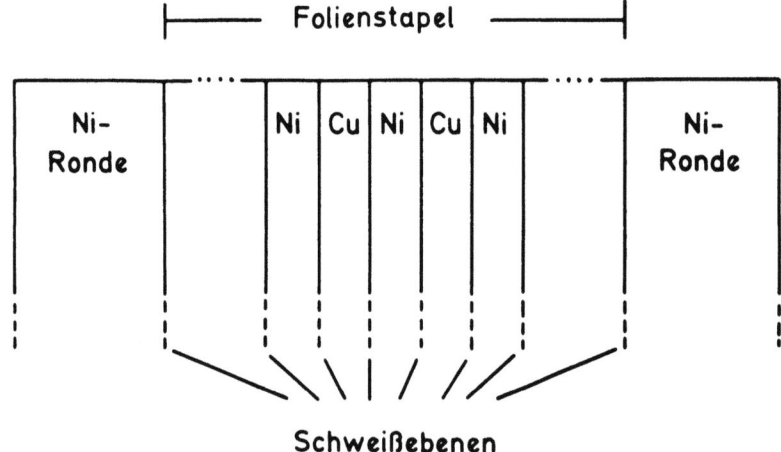

Abb. 2 Das "Sandwich-Modell", schematisch

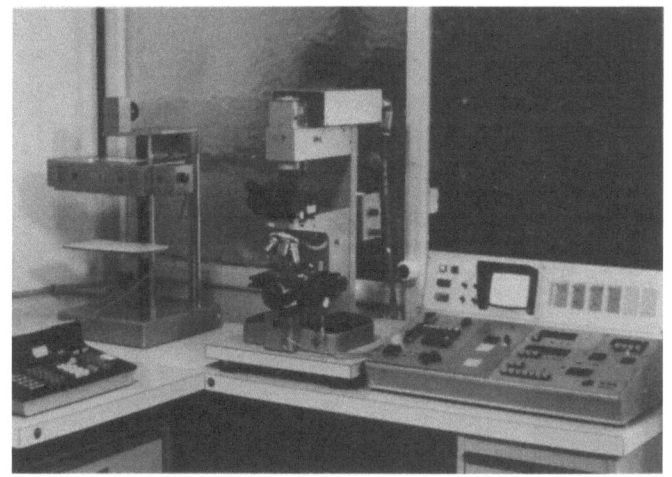

Abb. 3 Das Texturanalysesystem von Leitz

Abb. 4 Die Dilatometerapparatur, Gesamtansicht

- 16 -

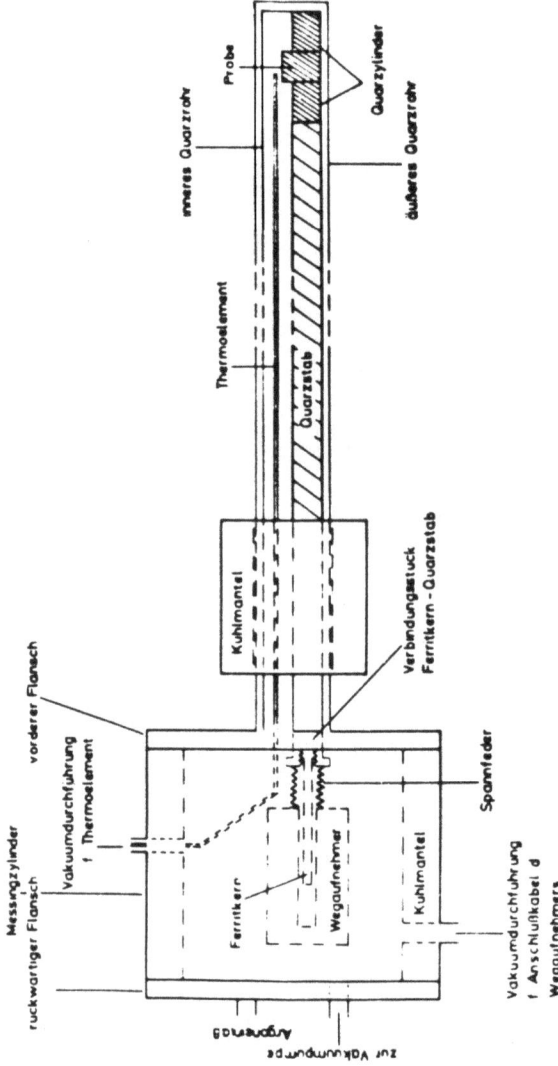

Abb. 5 Messingzylinder und Quarzrohr des Dilatometers, schematisch

Abb. 6 Teilansicht des Dilatometers, Messingzylinder und Quarzrohr

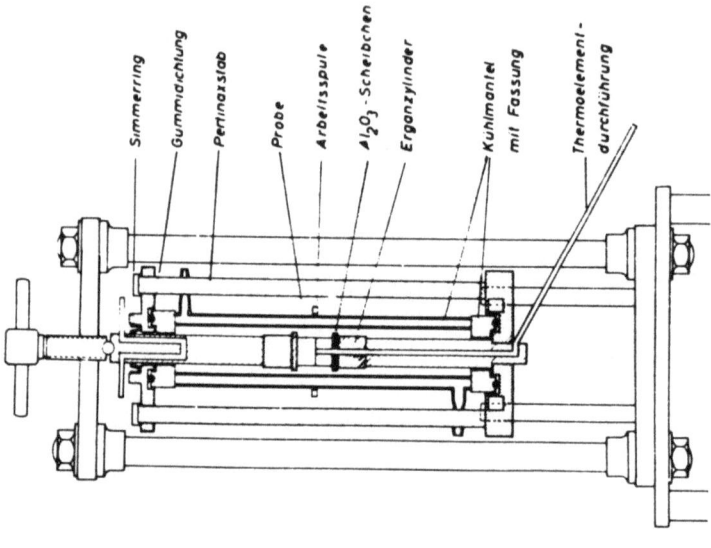

Abb. 7 Apparatur zur Folienverschweißung an einem Hochfrequenzgenerator, Gesamtansicht und schematisch

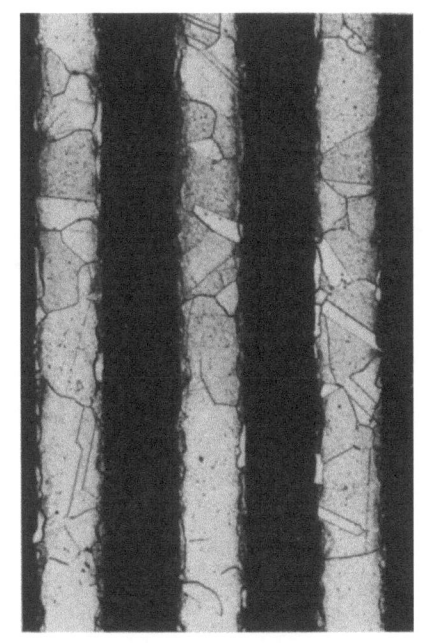

Abb. 8
Anschliff einer Folienprobe nach dem Verschweißen.
Foliendicke: 50 µm, Vergrößerung: 200 x, Cu-Ätzung

Abb. 9
s. Abb. 8, Ni-Ätzung

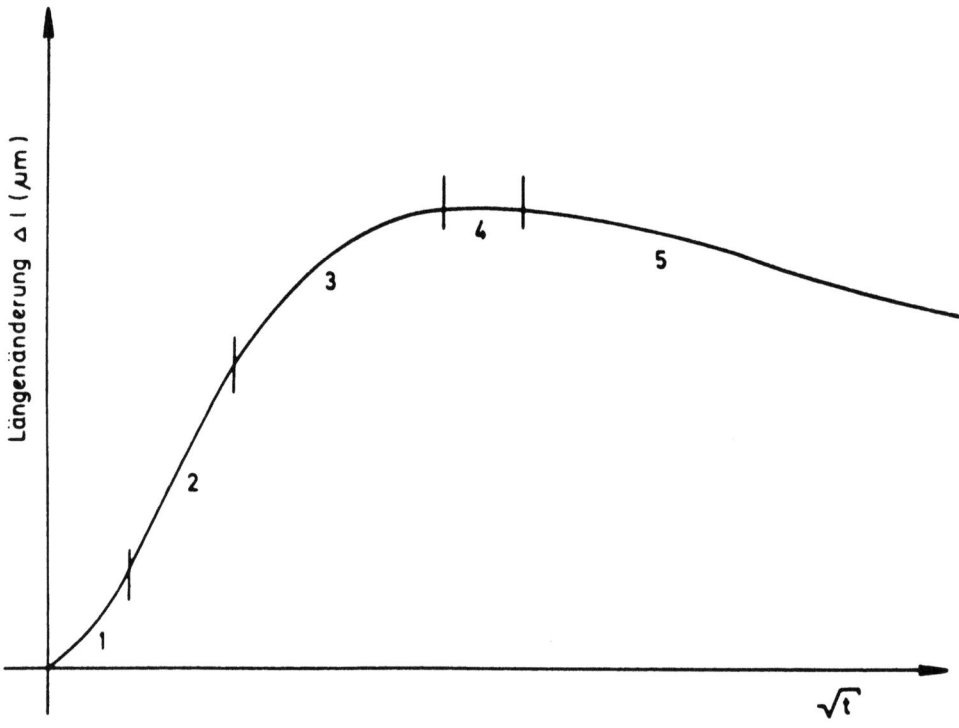

Abb. 10 Probenausdehnung, aufgetragen in Abhängigkeit von $\sqrt{t}$
(t = Glühzeit), schematisch

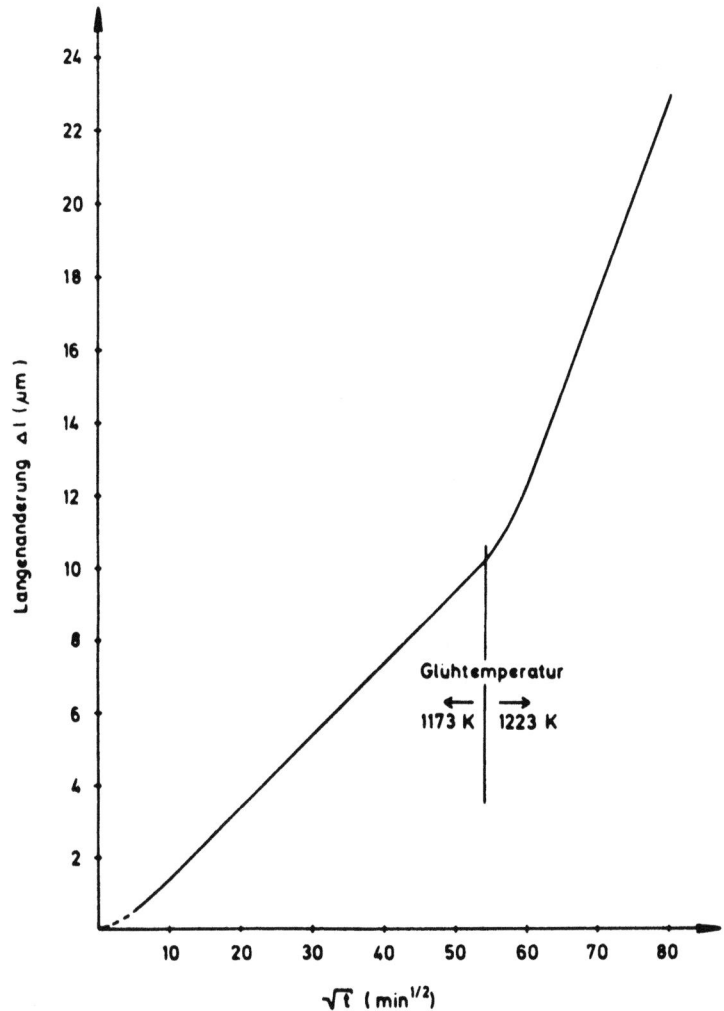

Abb. 11 Probenausdehnung pro Lochzone, aufgetragen in Abhängigkeit von √t. Foliendicke:
Cu: 230 µm, Ni: 260 µm

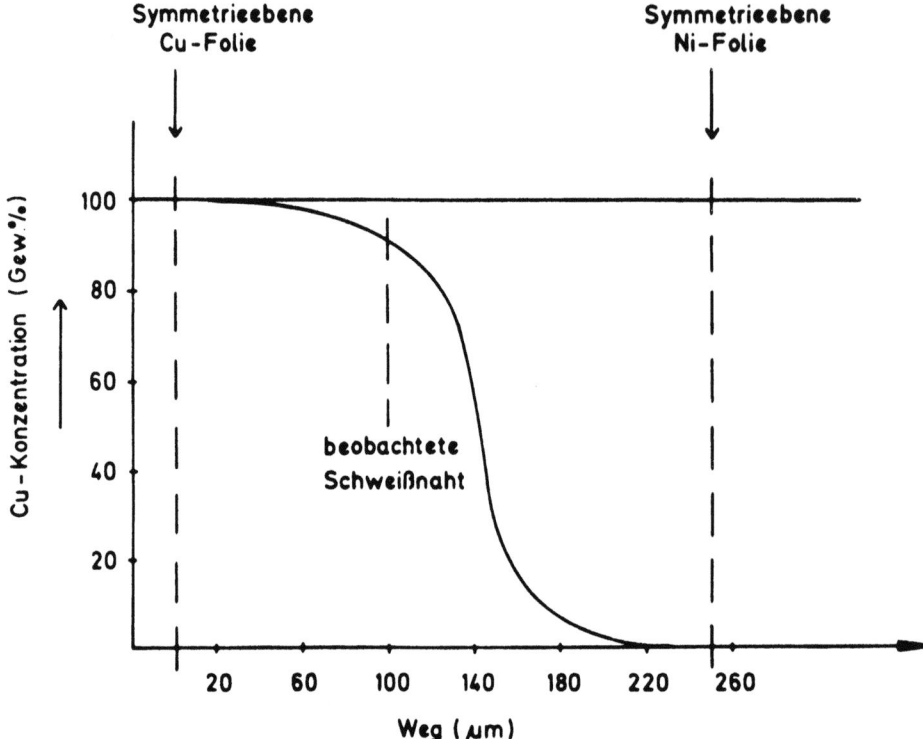

Abb. 12 Konzentrations-Weg-Kurve, aufgenommen an einem Folienpaar. t = 49 h, T = 1223 K, ursprüngliche Foliendicke: Cu: 230 µm, Ni: 260 µm

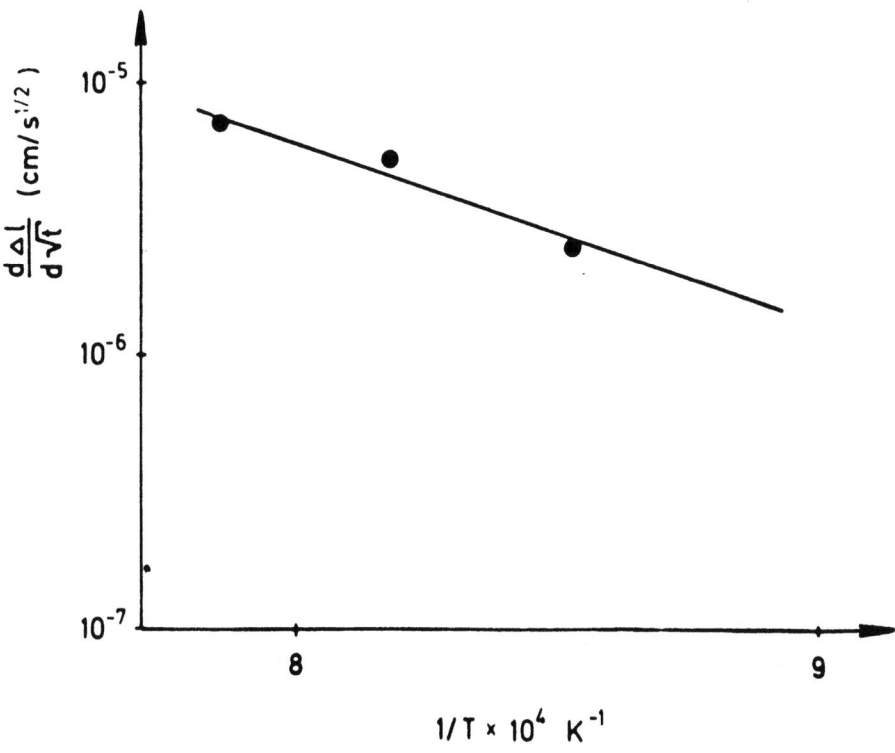

Abb. 13 Logarithmische Auftragung der Steigungen der
√t-Geraden gegen die reziproke Temperatur

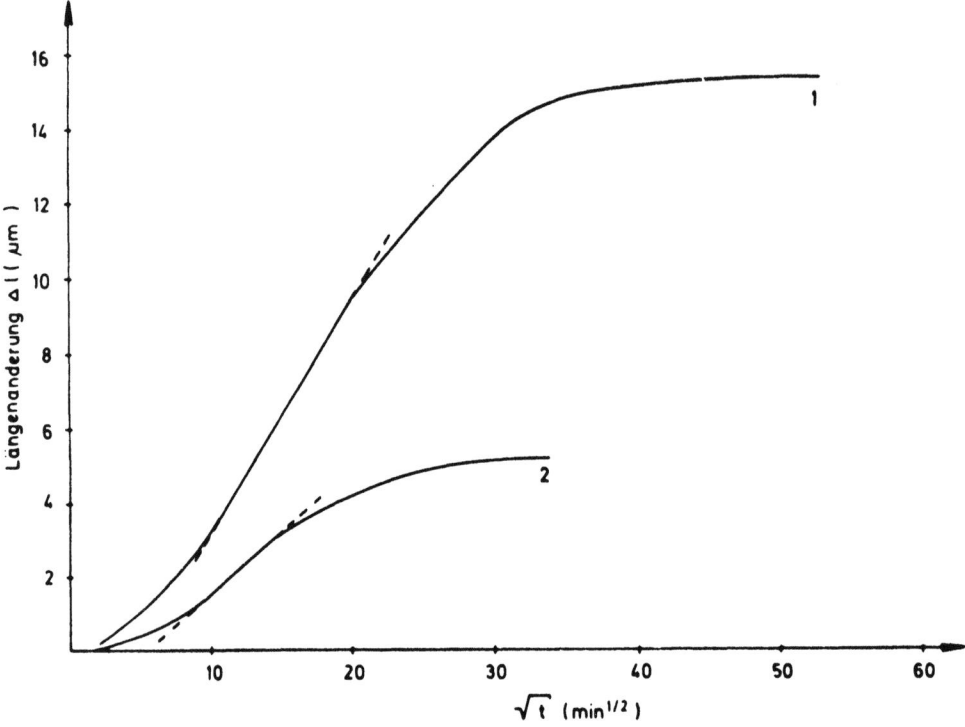

Abb. 14 Probenausdehnung pro Lochzone, aufgetragen in Abhängigkeit von √t, für 2 Proben aus Einzelfolien.
T = 1223 K, Foliendicken: 50 µm (Kurve 1), 25 µm (Kurve 2)

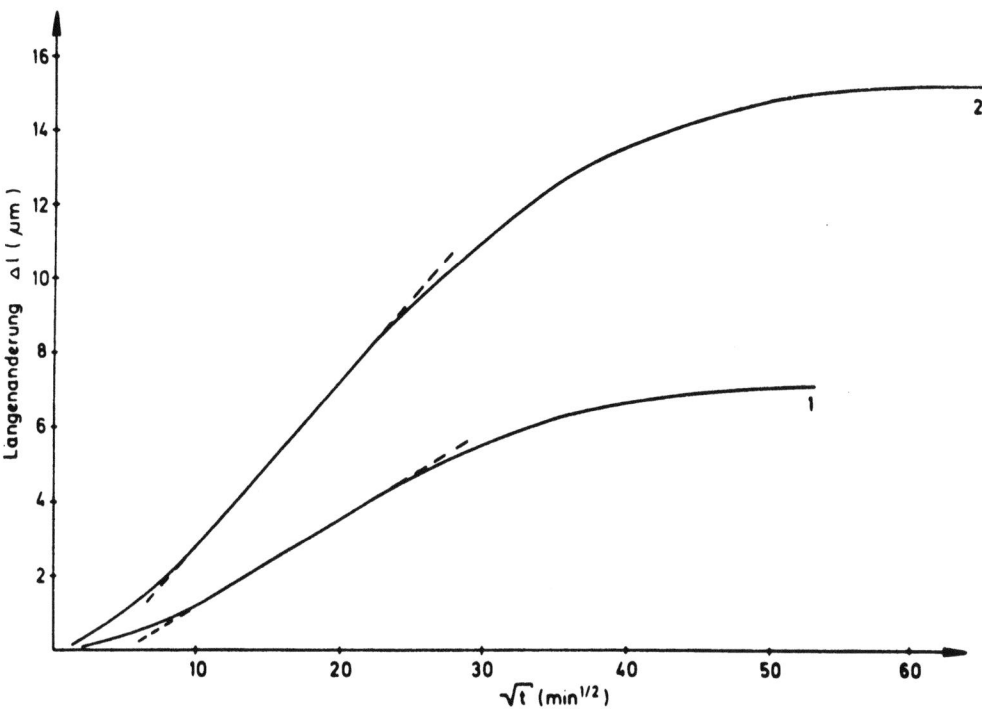

Abb. 15 Probenausdehnung pro Lochzone, aufgetragen in Abhängigkeit von $\sqrt{t}$, für 2 Proben aus Doppelfolien.
T = 1223 K, Foliendicken: (25+25) μm (Kurve 1), (25+50) μm (Kurve 2)

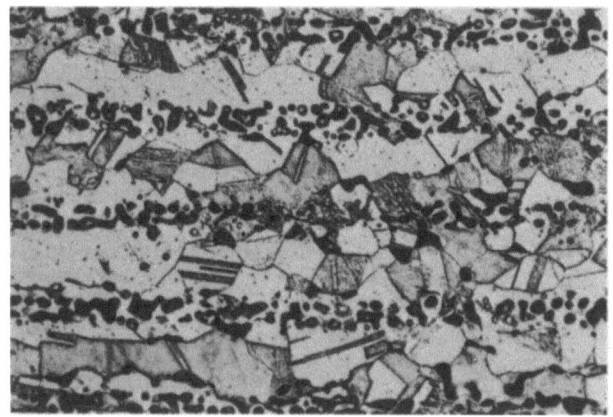

Abb. 16 Kirkendallporosität bei Cu-Ni Folien. t = 21,9 h,
T = 1223 K, V = 200 x, ursprüngliche Foliendicke:
25 µm, Ätzung: HCl

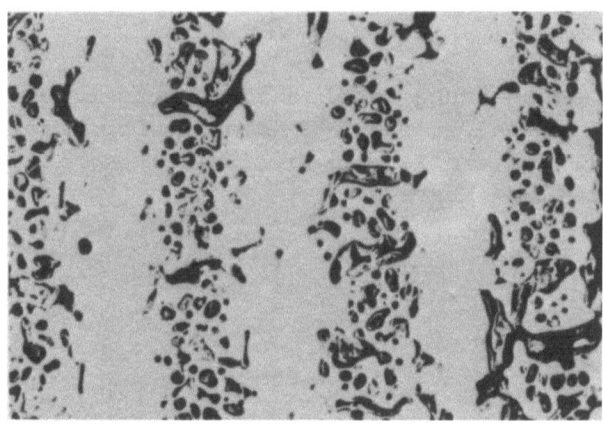

Abb. 17 Kirkendallporosität bei Cu-Ni Folien. t = 25 h,
T = 1223 K, V = 200 x, ursprüngliche Foliendicke:
50 µm, Ätzung: HCl

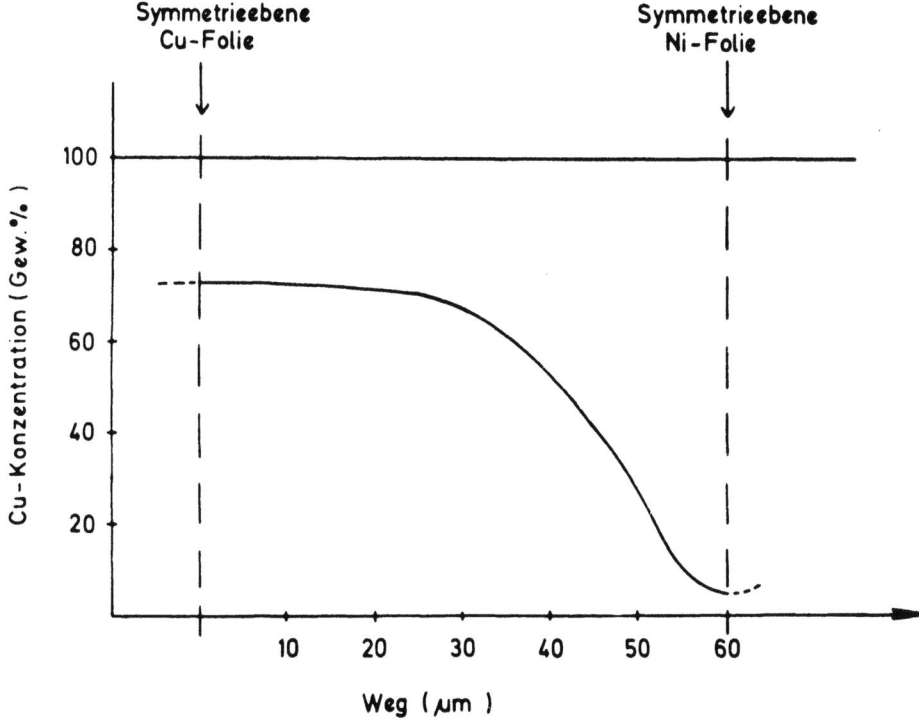

Abb. 18 Konzentrations-Weg-Kurve, aufgenommen an einem Folienpaar. t = 9 h, T = 1223 K, ursprüngliche Foliendicke: 50 µm

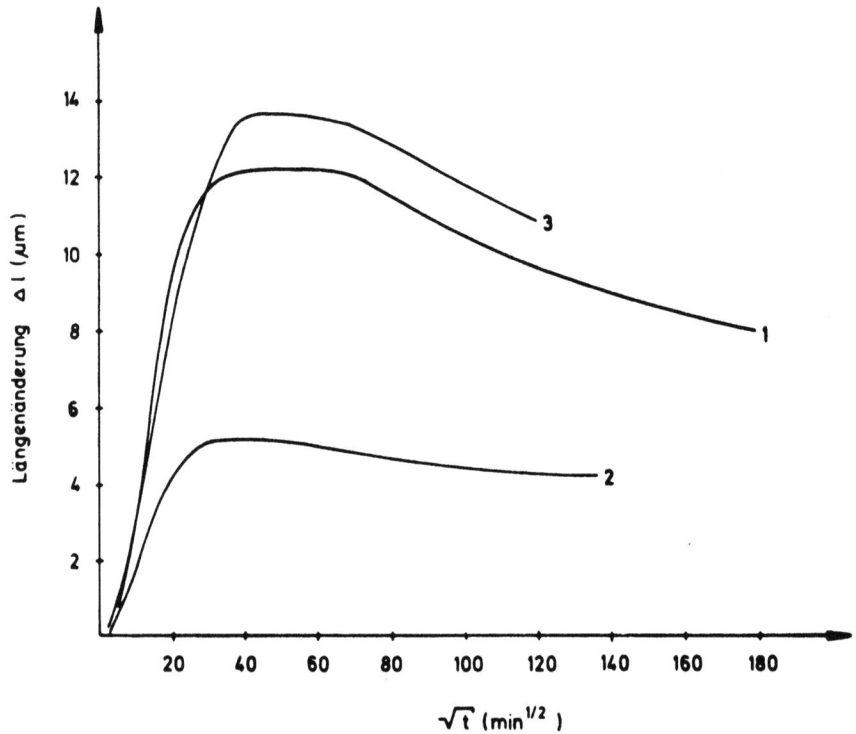

Abb. 19 Probenausdehnung pro Lochzone, aufgetragen in Abhängigkeit von $\sqrt{t}$. T = 1223 K, ursprüngliche Foliendicken: 50 µm (Kurven 1 u. 3), 25 µm (Kurve 2)

Abb. 20 Stabile Restporosität in Cu-Ni Folien. t = 522 h, T = 1223 K, V = 200 x, ursprüngliche Foliendicke: 50 μm, Ätzung: HCl

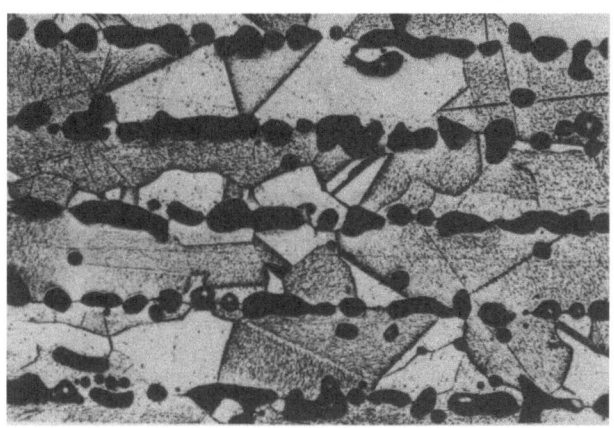

Abb. 21 Stabile Restporosität in Cu-Ni Folien. t = 310 h, T = 1223 K, V = 200 x, ursprüngliche Foliendicke: 25 μm, Ätzung: HCl

Abb. 22 Gesamtansicht einer Sandwichprobe mit starker Wulstbildung. t = 240 h, T = 1223 K, V = 6,5 x, ursprüngliche Foliendicke: 50 µm

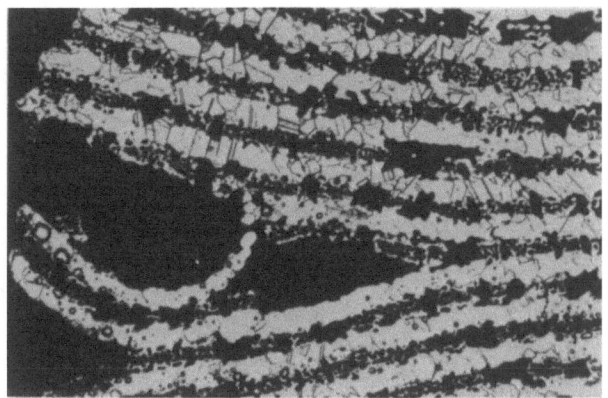

Abb. 23 Ausschnitt aus den Wulstbereichen der Probe aus
        Abb. 22

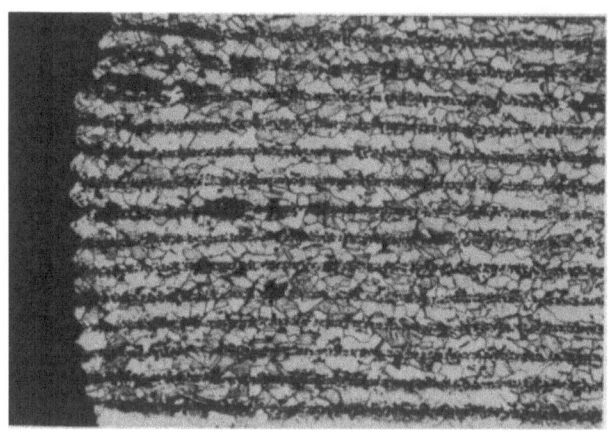

Abb. 24 Wulstbereiche bei Cu-Ni Folien. t = 21,9 h, T = 1223 K, V = 60 x, ursprüngliche Foliendicke: 25 µm, Ätzung: HCl

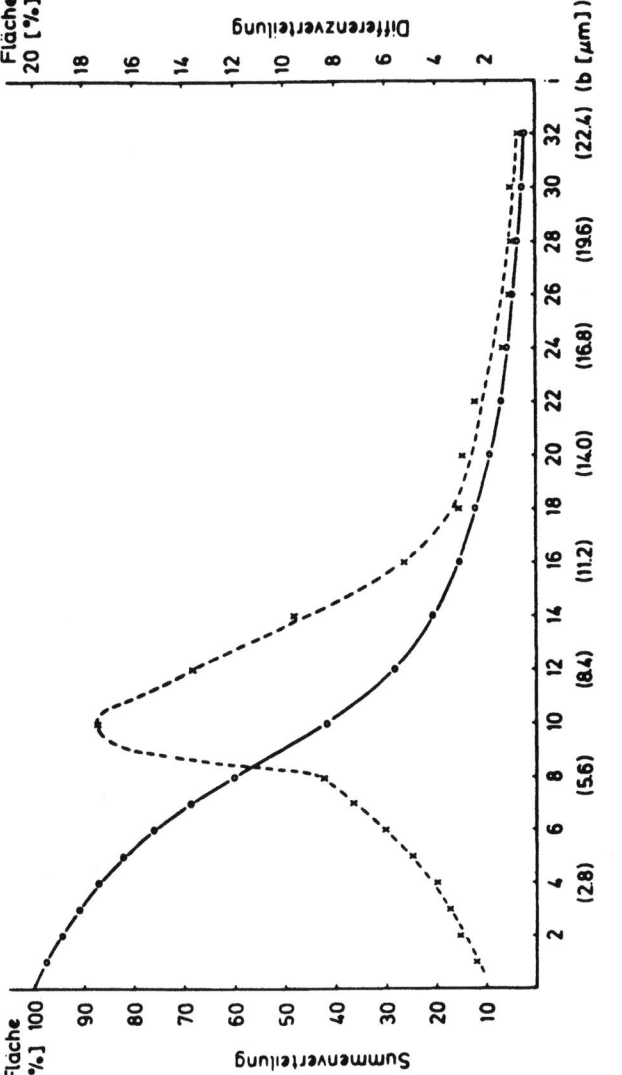

Abb. 25 Porengrößenverteilung aufgenommen an einer 50-μm Folienprobe zum Zeitpunkt des Wachstumsstillstandes. t = 46,6 h, T = 1223 K

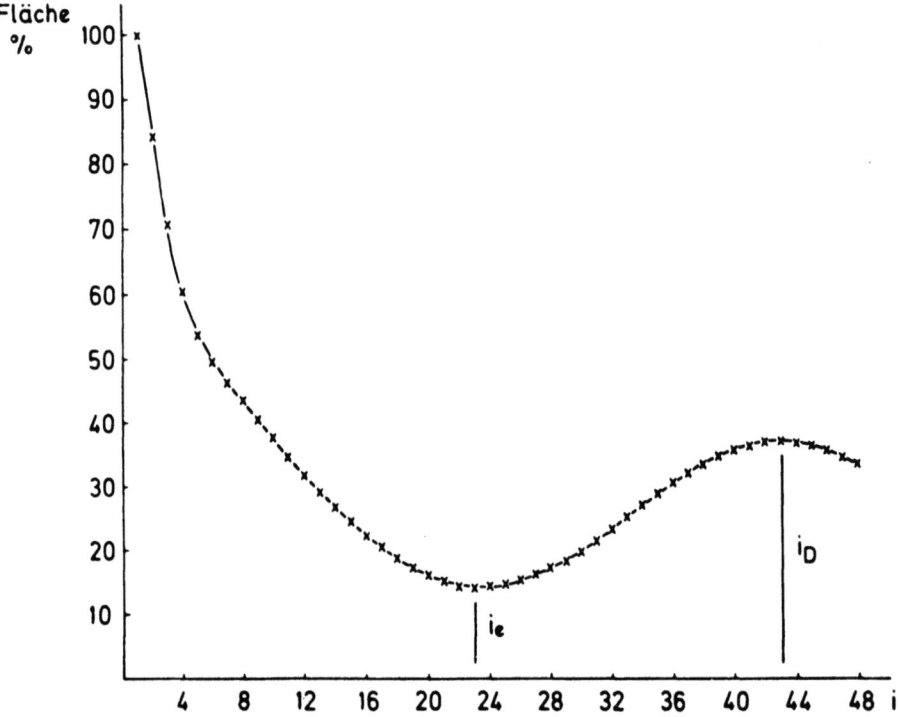

Abb. 26 Kovarianzanalyse aufgenommen an derselben Probe wie in Abb. 25

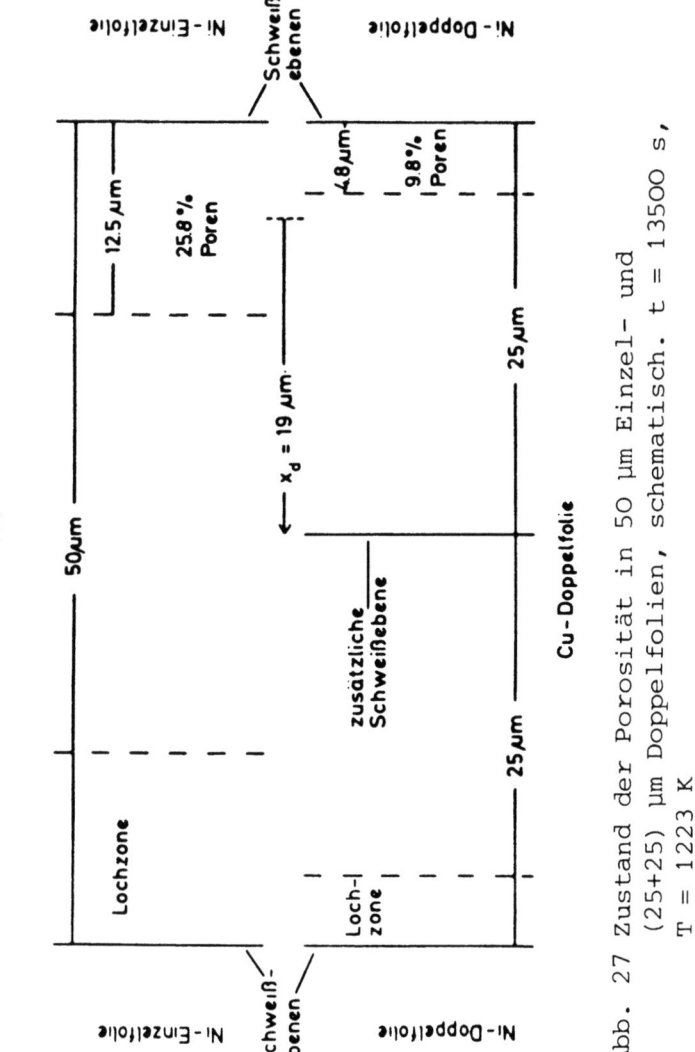

Abb. 27 Zustand der Porosität in 50 µm Einzel- und (25+25) µm Doppelfolien, schematisch. t = 13500 s, T = 1223 K

FORSCHUNGSBERICHTE
des Landes Nordrhein-Westfalen

*Herausgegeben
vom Minister für Wissenschaft und Forschung*

Die „Forschungsberichte des Landes Nordrhein-Westfalen" sind in zwölf Fachgruppen gegliedert:

Geisteswissenschaften
Wirtschafts- und Sozialwissenschaften
Mathematik / Informatik
Physik / Chemie / Biologie
Medizin
Umwelt / Verkehr
Bau / Steine / Erden
Bergbau / Energie
Elektrotechnik / Optik
Maschinenbau / Verfahrenstechnik
Hüttenwesen / Werkstoffkunde
Textilforschung

Die Neuerscheinungen in einer Fachgruppe können im Abonnement zum ermäßigten Serienpreis bezogen werden. Sie verpflichten sich durch das Abonnement einer Fachgruppe nicht zur Abnahme einer bestimmten Anzahl Neuerscheinungen, da Sie jeweils unter Einhaltung einer Frist von 4 Wochen kündigen können.

WESTDEUTSCHER VERLAG
5090 Leverkusen 3 · Postfach 300 620

Die Porenbildung beim Homogenisierungsglühen von Metallpulvergemischen ist eine Folgeerscheinung der unterschiedlichen Diffusionsflüsse der Legierungspartner (Kirkendall-Effekt). An Sandwich-Proben wird gezeigt, daß die Poren nach einem parabolischen Zeitgesetz wachsen. Mit zunehmender Homogenisierung läßt das Wachstum nach, schließlich bildet sich ein kleiner Teil der Porosität zurück.

ISBN 978-3-531-02877-4

If you have any concerns about our products,
you can contact us on
ProductSafety@springernature.com

In case Publisher is established outside the EU,
the EU authorized representative is:
**Springer Nature Customer Service Center GmbH
Europaplatz 3, 69115 Heidelberg, Germany**

Printed by Libri Plureos GmbH
in Hamburg, Germany